Yvonne Lantermann

Meerschweinchen

Artgerecht halten und pflegen

Inhalt

Impressum

Copyright © 2005 by
Cadmos Verlag GmbH, Brunsbek
Gestaltung und Satz: Ravenstein, Verden
Fotos: Y. Lantermann, Dr. G. Lehari
Titelfotos: Dr. G. Lehari
Druck: Rasch, Bramsche

ISBN 3-86127-072-2

Meerschweinchen sind robust und pflegeleicht, was aber nicht über ihre Bedürfnisse hinwegtäuschen darf. (Foto: Lehari)

Es liegt an dem Bild, das viele vom Meerschweinchen haben: Meerschweinchen – die pflegeleichten Spieltiere für Kinder, die in der Anschaffung preisgünstig, in der Pflege wenig aufwändig und in der Haltung sehr robust sind. Meerschweinchen sind in bestimmter Hinsicht tatsächlich pflegeleicht und können viel aushalten. Und gerade ihre relative Anspruchslosigkeit und geringe Krankheitsanfälligkeit führen dazu, dass ganz viele dieser abgeschobenen Tiere jahrelang in irgendeiner Abstellraum- oder Kellerecke vor sich hin vegetieren.

Zweifellos kann die Haltung von Meerschweinchen entspannend, lehrreich – oder einfach nur nett sein. Schön wäre aber auch, wenn sich mit der Zeit das Bild vom Meerschweinchen in der Öffentlichkeit ein wenig wandeln würde: weg vom (nur) pflegeleichten Schnukkeltier, hin zu einem biologisch anspruchsvollen und hochsozialen Wesen mit bestimmten Pflegebedürfnissen und einem komplexen Sozialsystem, in das auch der Mensch durchaus einbezogen wird. Wer sein Meerschweinchen mit diesem anderen Blick, zum Beispiel in einer geräumigen Freianlage und in einer Gruppe von Artgenossen, beobachtet, wird bald ein Gefühl dafür bekommen, wie Meerschweinchen wirklich sind.

Ein Wort zuvor

Wie oft habe ich schon in Küchen, Kellern und Kinderzimmern vor ungeliebten, abgeschobenen und schlecht gepflegten Meerschweinchen in viel zu kleinen Käfigen gestanden. Fast jeder kennt diese Situation: zunächst von den Kindern des Hauses heiß begehrt und viel beknuddelt, dann geduldet und nebenher mitgepflegt und schließlich abgeschoben in eine Wohnungsecke, bis sich ein anderer Abnehmer findet, bei dem sich das gleiche Spiel womöglich wiederholt.

Nur unter ihresgleichen fühlen sich Meerschweinchen wohl und können ihr natürliches Verhalten ausleben. (Foto: Lehari)

Diese zwei Wochen alten Jungtiere werden von der Mutter noch gesäugt. (Foto: Lantermann)

Von den Anden ins Wohnzimmer

Meerschweinchen sind keineswegs mit den Schweinen verwandt, wie ihr Name vermuten lassen könnte. Aber die genaue Herkunft ihres deutschen und englischen Namens (= guinea pig) lässt sich nicht mehr eindeutig klären. Vermutlich bezieht er sich auf die altenglische Goldmünze „Guinea" im Wert von 20 beziehungsweise 21 Shilling. Und für diesen Preis sollen die englischen Seeleute, die die Tiere im 16. und 17. Jahrhundert aus Übersee (= vom Meer!) nach Europa mitbrachten, sie damals verkauft haben. Der Namensteil „Schweinchen" oder „pig" geht vielleicht auf die quiekenden Lautäußerungen der Tiere zurück, die entfernt an diejenigen junger Schweine erinnern.

Herkunft und Abstammung

Zoologisch gesehen gehören Meerschweinchen in die Gruppe der Nagetiere (Ordnung Rodentia), zu denen weltweit rund 1.700 Arten in knapp 400 Gattungen gerechnet werden. Die Meerschweinchenartigen werden in der Familie Caviidae zusammengefasst, darunter finden sich die Eigentlichen Meerschweinchen in der Unterfamilie Caviinae. Sie sind in vier Gattungen mit 15 Arten in Südamerika weit verbreitet. Typische Merkmale sind der fehlende Schwanz, der verhältnismäßig große Kopf sowie an den Vorderfüßen vier und an den Hinterfüßen drei Zehen. Die Jungen kommen in weit entwickeltem Zustand zur Welt. Als Nestflüchter sind sie vollständig behaart, haben offene Augen und Ohren, können sofort laufen und auch bereits am ersten Tag feste Nahrung aufnehmen. Sie werden etwa drei Wochen von der Mutter gesäugt und sind bereits im Alter von zwei bis vier Monaten geschlechtsreif, lange bevor sie ausgewachsen sind.

Die Stammform unserer Hausmeerschweinchen ist das Wildmeerschweinchen *(Cavia aperea)*. Es ist in Südamerika von Kolumbien im Norden bis Argentinien im Süden zahlreich und weit verbreitet. Es bewohnt Savannengebiete und Buschland bis in die Höhenlagen der Anden auf 4.000 bis 5.000 Meter Höhe. Die Tiere leben in Kolonien von zehn bis 15 (manchmal auch bis zu 50) Tieren zusammen. Sie haben ihre Höhlen in Felsspalten oder selbst gegrabenen Erdbauten. Über das Sozialleben der Meerschweinchen ist immer noch recht wenig bekannt. Sie bilden vermutlich lockere Gemeinschaften – teilweise mit bestimmten Untergruppen – ohne monogame Paarbindungen. In kleinen Gruppen

gibt es ein Alpha-Männchen, das in der Regel an seinem auffälligen Verhalten zu erkennen ist. Es wandert viel umher, äußert häufig „Purr"-Laute, geht dabei in einem auffälligen Imponiergang und wird von den anderen Gruppenmitgliedern am meisten beachtet. In großen Gruppen mit mehr als zehn erwachsenen Tieren kommen auch soziale Unterstrukturen vor. Die Männchen grenzen dann bestimmte Untergruppen gegeneinander ab und pflegen bevorzugt Kontakte zu wenigen, ganz bestimmten Weibchen, die sie gegenüber anderen Männchen abschirmen. Solche Sozialstrukturen können über Jahre hinweg stabil bleiben.

Gelegentlich werden heute auch Wildmeerschweinchen im Tierhandel angeboten. Im Vergleich zu den Hausmeerschweinchen (mit einer Gesamtlänge zwischen 25 und 35 Zentimeter und einem Gewicht zwi-

Agoutifarbene Meerschweinchen sehen ihren wilden Vorfahren noch sehr ähnlich. (Foto: Lantermann)

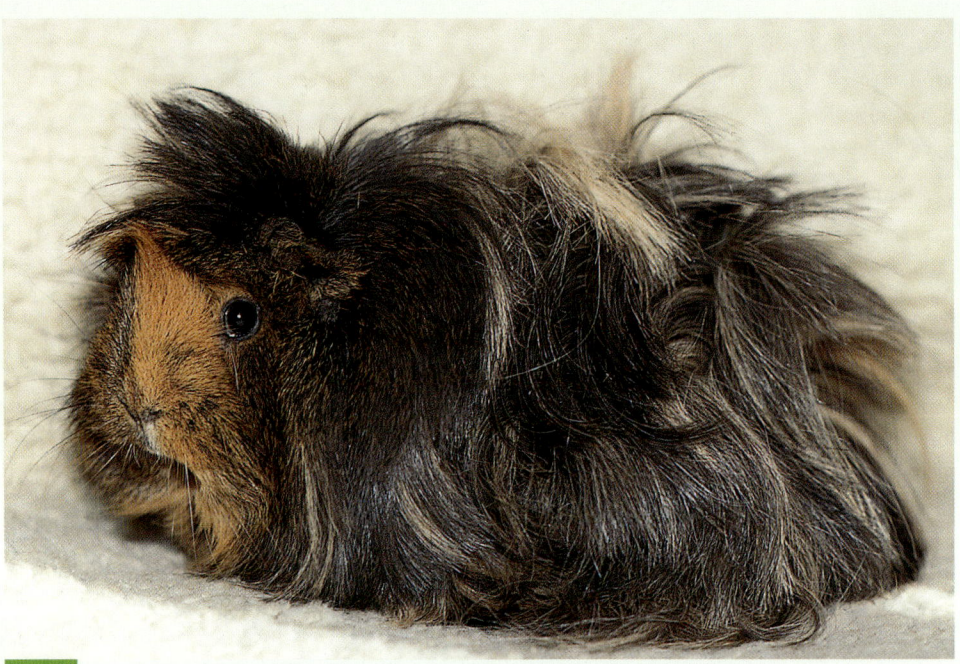

Von der Wildform abweichende Fellmerkmale wie bei diesem Langhaarmeerschweinchen sind Anzeichen der Domestikation. (Foto: Lehari)

schen 1.000 und 1.500 Gramm bei ausgewachsenen Tieren) sind sie schlanker, zierlicher und weitaus agiler.
Sie haben einen längeren Kopf, dünnere Beine und kleinere Füße. Ihr Fell wirkt ein wenig borstenartig und ist
dunkelbraun bis schwarz gefärbt. Wildmeerschweinchen haben gegenüber den Hausmeerschweinchen
auch einen unverkennbaren Wildgeruch.

Alle anderen Meerschweinchenarten spielen als
Haustiere nur eine untergeordnete Rolle. Sie sind nur
in wenigen Zoos und bei spezialisierten Privathaltern
zu finden. Interessant ist allerdings die kürzlich (Mitte
2004) erfolgte Neuentdeckung einer 15. Meerschwein-
chenart durch Zoologen der Universität Münster. Die
vorläufig als „Münstersches Meerschweinchen" (Galea
monasteriensis) bezeichnete Form unterscheidet sich
von allen anderen bekannten Arten durch eine monogame Lebensweise, das heißt, die Tiere leben in dau-
erhaften Paarbeziehungen.

Wie die Meerschweinchen nach Europa kamen

Mit der Entdeckung Südamerikas durch die Spanier ist
das Meerschweinchen in der Mitte des 16. Jahrhunderts vermutlich erstmals nach Europa gelangt. Im Glau-
ben, den Seeweg nach Indien entdeckt zu haben,
bezeichneten die spanischen Seefahrer die Tiere als
„conejillo des Indias", als „kleine Kaninchen aus
Indien". Schon 1554 beschrieb der schweizerische
Naturforscher Conrad Gesner das Tier als „indisches
Schweinchen" und bei dem zweiten Namensteil ist es
bis heute geblieben.

Bereits die einheimische Bevölkerung Südamerikas zur Inkazeit hielt das Meerschweinchen in kleinen Rudeln rund um ihre Wohnsitze und züchtete sie
hauptsächlich zu Nahrungszwecken. Ihr proteinrei-
ches und fettarmes Fleisch wurde früher wie heute

in Südamerika als Festessen geschätzt. Zudem wurden mumifizierte Meerschweinchen als Grabbeigaben gefunden, die darauf hindeuten, dass die Tiere auch eine bestimmte rituelle Bedeutung als Opfertiere hatten.

Mit der Ersteinfuhr der Tiere durch die Spanier und durch spätere Transporte aus den niederländischen Kolonien in Surinam gelangten sie – nachdem sie zunächst als kostbare Raritäten gehandelt wurden – auch zu holländischen Züchtern, die sie in andere Länder weiterverkauften. Aber auch rund 100 Jahre nach der ersten Einfuhr waren nach Frankreich und England verkaufte Nachzuchten immer noch so teuer, dass sie sich kaum ein Privatmann leisten konnte.

Doch bald schon fielen die Tiere durch eine ungeheure Produktivität auf, die Nachzuchten wurden immer zahlreicher und die Preise sanken auf ein Niveau, das für jedermann erschwinglich war. Heute sind die Meerschweinchen (Cavia aperea f. porcellus) auf der ganzen Welt verbreitet, überall preisgünstig zu bekommen und lassen alle Anzeichen der Domestikation (Haustierwerdung) erkennen. Eines dieser Anzeichen ist die Ausprägung zahlreicher von der Wildform abweichender Fellmerkmale und Fellfarben infolge von Farbmutationen und -kombinationen. Auch hat sich die Größe der Tiere und ihr Fortpflanzungsverhalten verändert, sodass heute unter den zahlreichen Zuchtstämmen keine reinerbigen Tiere der Wildform mehr zu finden sind.

Anerkannte Meerschweinchenrassen

Heute werden vom Deutschen Verbandsstandard für Rassemeerschweinchen zwölf Rassen anerkannt, die sich hauptsächlich in ihrer Haarstruktur voneinander unterscheiden. Innerhalb der einzelnen Rassen werden wiederum unterschiedliche Farbschläge zugelassen, von denen die Farben Schwarz, Weiß, Schoko, Creme, Rot, Lilac, Sepia, Goldagouti, Silberagouti und Grauagouti die bekanntesten sind.

1. Glatthaar

Das Glatthaarmeerschweinchen (mit kurzem, glattem Fell) kam bereits im 16. Jahrhundert nach Europa und ist die bekannteste aller Meerschweinchenrassen, zu denen im weitesten Sinne auch viele der gewöhnlichen Hausmeerschweinchen gehören.

2. Crested

Diese Zuchtform kam um 1972 aus Kanada nach Europa und wird auch als Schopf-Meerschweinchen bezeichnet. Charakteristisch ist der große, runde Schopf auf dem Oberkopf, der einen zentralen Mittelpunkt aufweist und wie das übrige Fell gefärbt oder weiß ist.

3. Satin

Satin-Meerschweinchen kamen Anfang der 1980er-Jahre über Nordamerika nach Europa. Sie tragen ein glattes, schimmernd glänzendes Fell.

4. Rex

Rex-Meerschweinchen sind 1975 in England aufgrund einer Mutation entstanden, bei dem das Fell durch Veränderungen des Deckhaares wellig gekräuselt wirkt.

5. Teddy

Teddy-Meerschweinchen ähneln den Tieren der Rex-Rasse, sind aber unabhängig Ende der 1960er-Jahre in Kanada entstanden. Der Teddy-Rasse, ebenfalls mit gekräuseltem Haar, liegt nach Expertenmeinung eine andere Genmutation zugrunde als beim Rex-Meerschweinchen.

6. Rosetten

Die Tiere dieser Rasse weisen über den ganzen Körper verteilt zu Rosetten geformte Haarwirbel auf. Diese Zuchtform ist bereits 1886 in England gezüchtet worden. Rosetten-Meerschweinchen – wenn auch nicht als reine Zuchtformen – finden sich in größerem Umfang auch unter den Hausmeerschweinchen.

7. Peruaner

Das Peruanische Meerschweinchen ist ein Langhaarmeerschweinchen, das bereits seit dem Ende des 19. Jahrhunderts bekannt ist. Die Tiere tragen dichte, seidig glänzende Haare, die bis zu 50 Zentimeter lang werden können. Nach dem deutschen Standard sind jedoch nur eine gleichmäßige bodenlange Behaarung und ein Mittelwirbel vorgesehen.

8. Sheltie

Die Sheltie-Rasse ähnelt dem Peruaner. Auch hier handelt es sich um ein Langhaarmeerschweinchen mit bodenlangem, seidig-dichtem Fell, das aber keinerlei Wirbel aufweisen soll.

9. Coronet

Das Coronet-Meerschweinchen ist eine Variante der Sheltie-Rasse, allerdings trägt es – ähnlich dem Crested – einen Schopf auf dem Oberkopf, der einen zentralen Mittelpunkt hat.

10. Texel

Texel-Meerschweinchen werden erst seit Mitte der 1980er-Jahre gezüchtet. Es sind Langhaarmeerschweinchen, deren Haare gewellt und am Bauch gekräuselt sind.

11. Alpaca

Alpaca-Meerschweinchen haben ihre Vorfahren in Peruaner und Rex-Meerschweinchen. Sie wirken wie Tiere der Peruaner-Rasse, tragen aber gekräuselte Haare.

12. Merino

Das Merino-Meerschweinchen ist erst seit wenigen Jahren als Rasse anerkannt. In ihm vereinen sich Merkmale des Texel-Meerschweinchens (mit Schopf) oder des Coronet-Meerschweinchens (mit krausem Haar).

Glatthaarmeerschweinchen dalmatinerfarben (Foto: Lehari)

Typisch für Rex-Meerschweinchen – hier ein Goldschimmel – ist das gekräuselte Haar. (Foto: Lehari).

Teddy-Meerschweinchen haben eine ähnliche Fellbe-
schaffenheit wie die Rex-Meerschweinchen. (Foto: Lehari)

Coronet-Meerschweinchen sind an dem
Schopf zu erkennen. (Foto: Lehari)

Sheltie-Meerschweinchen sind langhaarig; die Haare
sollen keine Wirbel bilden. (Foto: Lehari)

Texel-Meerschweinchen sind eine relativ
neue Züchtung. (Foto: Lehari)

Die Haltungsbedingungen spiegeln sich in der Gesamtkondition des Tieres wieder. (Foto: Lehari)

Artgemäße Meer-schweinchenhaltung

Der verantwortungsbewusste Meerschweinchenhalter sollte zum Ziel haben, seine Tiere so artgemäß wie möglich zu halten. Hierfür muss man sich an den biologischen Bedürfnissen der Tiere orientieren. Aufgrund der Erkenntnisse der Tiergartenbiologie wurden folgende Kriterien festgelegt, die sich auf die Haltungsbedingungen für Meerschweinchen anwenden lassen.

1. Die Gesamtkondition der Tiere soll über die Jahre der Haltung unverändert gut sein, abgesehen von altersbedingten Abbauerscheinungen. Ein glanzloses, struppiges Fell deutet auf Fehlernährung und/oder äußeren Parasitenbefall hin. Verklebte Augen zeigen Fremdkör-

pereinfluss und/oder eine Bindehautentzündung an, eine verklebte, laufende Nase weist auf eine Erkältung (Rhinitis), ein kotverschmiertes Bauchfell auf Verdauungsstörungen hin. Zu lange und/oder verdrehte Zehennägel lassen erkennen, dass das Haltungssystem für die Tiere zu wenige Möglichkeiten bietet, die Zehennägel selbst abzureiben. Nachträgliche Korrekturen durch den Pfleger werden damit notwendig. Die Haltungsbedingungen müssen darauf abzielen, die genannten Erscheinungen möglichst zu vermeiden.

2. Das Gehege muss Möglichkeiten zum Ausleben aller angeborenen und erlernten Verhaltensweisen bieten. Meerschweinchen brauchen zu ihrem Wohlbefinden vor allem soziale Kontakte zu Artgenossen, ausreichende Bewegungsmöglichkeiten, Verstecke, Knabber- und Beschäftigungsmaterial.

3. Die Tiere sollten resistent gegenüber Krankheiten und Parasitenbefall sein, was nur möglich ist, wenn sie

Sozialkontakt ist wichtig für das Wohlbefinden der Tiere. (Foto: Lehari)

adäquat untergebracht, ernährt und gepflegt werden.

4. Die Haltung in einem Sozialverband ist für hochsoziale Tiere absolut notwendig. Wie der kleinste Sozialverband als notwendiges Minimum bei der Meerschweinchenhaltung aussehen könnte, wird später beschrieben. Auch wenn zu einer artgemäßen Haltung die Fortpflanzung dazugehört, ist dieser Punkt bei der Meerschweinchenhaltung besonders sorgfältig zu bedenken. Denn wenn Männchen und Weibchen ohne Einschränkungen und Geburtenkontrolle ständig zusammenleben dürfen, sind für die ständig produzierten Jungtiere kaum noch Abnehmer zu finden.

5. Das Ausbleiben von Verhaltensstörungen wird als Kriterium einer artgemäßen Tierhaltung in den letzten Jahren immer wichtiger. Ein Hauptgrund für das Auftreten von Verhaltensauffälligkeiten, die von leichten Bewegungsstereotypien bis hin zu Fellfressen, Töten und Fressen der Jungtiere reichen können, liegt oftmals in der unendlichen Langeweile, der vor allem (einzeln gehaltene) Käfigtiere ausgesetzt sind.

Wer passt zu wem?

Zunächst gilt der Grundsatz: „Ein Meerschweinchen ist kein Meerschweinchen." Damit ist gemeint, dass ein einzeln gehaltenes Meerschweinchen sich in vielerlei Hinsicht gar nicht artgemäß verhalten kann, weil einfach ein Gegenüber für das Sozialverhalten fehlt. Somit ist oberster Grundsatz für die artgemäße Haltung die Anschaffung mindestens zweier Meerschweinchen. In kleinen Gehegen vertragen sich zwei zusammen aufgewachsene Geschwistertiere (unabhängig vom Geschlecht) recht gut. Bei älteren Tieren lassen sich in

Werden zwei sich unbekannte Meerschweinchen zusammengeführt, müssen sie erst langsam aneinander gewöhnt werden. (Foto: Lehari)

der Regel zwei Weibchen besser vergesellschaften, denn sie zeigen ein ausgeprägteres Sozialverhalten als zwei Männchen. Bei der Vergesellschaftung zweier erwachsener Tiere beiderlei Geschlechts kann es unter Umständen zu heftigen Auseinandersetzungen kommen. Gerade ältere Weibchen, die noch keinen Nachwuchs hatten, lehnen neu hinzugesetzte Männchen oftmals vehement ab.

Ganz egal, für welche Konstellation man sich entscheidet: Bei der Zusammenführung zweier einander unbekannter Tiere ist in jedem Fall höchste Aufmerksamkeit des Pflegers geboten. Am Anfang werden am besten beide Tiere in getrennten Käfigen nebeneinander gestellt, damit sie sich langsam aneinander gewöhnen können. Die ersten Vergesellschaftungsversuche erfolgen dann möglichst auf neutralem Boden und unter Beaufsichtigung. Erst wenn sich beide Tiere zu vertragen scheinen, dürfen sie in eine gemeinsame Unterkunft. Der vorgesehene Käfig sollte dazu gründlich gereinigt und neu eingerichtet werden, damit sich das zuvor darin lebende Tier nicht als Territoriumsbesitzer fühlt und den Neuling abdrängt.

Bei der Haltung verschiedengeschlechtlicher Alttiere sind auf jeden Fall die Aspekte zur Zucht (siehe unten) zu beachten und gegebenenfalls auch eine vorherige Kastration der Männchen in Betracht zu ziehen.

Der Käfig und seine Ausstattung

Die Käfiggröße muss den Bedürfnissen von mindestens zwei Tieren angepasst sein. Allerdings sind leider die meisten Meerschweinchenkäfige, die der Zoohandel bietet, bei weitem zu klein. Erst in letzter Zeit ist ein „Mega-Käfig" auf den Markt gekommen, der bei 60 Zentimeter Breite und 50 Zentimeter Höhe etwa 1,20 Meter lang ist. Und das ist das Minimum, was man seinen Tieren anbieten sollte. Denn hierin lassen sich auch verschiedene Einrichtungsgegenstände unterbringen, ohne die Tiere allzu sehr im Platzangebot zu beschneiden. Dazu gehören mindestens eine Heuraufe, ein Futternapf, eine Wasserflasche (die in der Regel von außen angehängt wird) und ein bis zwei Schlafhäuschen. Hinzu kommt wechselnd etwas Spiel- und Beschäftigungsmaterial.

Häufig sieht man auch Gehege, die oben offen sind. Haben sie eine Höhe von 40 Zentimeter, können die Meerschweinchen weder hinausklettern noch hinausspringen. Stehen allerdings die Schlafhäuschen nahe am Rand, können die Tiere erst auf das Dach springen und von da aus über die Umrandung hüpfen. Will man also auf Nummer Sicher gehen, ist eine Abdeckung von oben zu empfehlen und ein unbedingtes Muss, wenn sich andere Tiere im Haus frei bewegen.

Leider werden immer noch relativ niedrige Meerschweinchenkäfige angeboten. Sie sind nicht zu empfehlen, in höheren Käfigen lässt sich nämlich eine zweite Ebene für die Tiere schaffen, die sie mit einer kleinen Leiter erklimmen können. Dadurch wird das Platzangebot erweitert. Beispielsweise könnten zwei Schlafhäuser möglichst weit auseinander auf den Boden gestellt werden, über die ein etwa 20 Zentimeter breites Verbindungsbrett gelegt wird, das über eine kleine Leiter erreichbar ist. Schon haben die Tiere einen Aussichtsturm, der das Platzangebot erweitert, und unter dem Brett noch eine nach vorn offene Ruhekammer. Wichtig ist, dass jegliches Material, das für den Selbstbau von Häusern, Sitzplätzen oder Leitern verwendet oder zum Beknabbern angeboten wird, absolut ungiftig und ungefährlich für die Tiere ist. Kunststoffbeschichtete Spanplatten, Plastikspielzeug oder Baumäste unbe-

Ein standfester Futternapf mit nach innen gebogenem Rand sorgt dafür, dass die Tiere das Futter nicht herausscharren. (Foto: Lehari)

Mit einer Nippeltränke steht den Meerschweinchen jederzeit sauberes Wasser zur Verfügung. (Foto: Lehari)

Unbehandeltes Holz ist ideal zum Beknabbern. (Foto: Lehari)

kannter Herkunft haben in Nagergehegen nichts zu suchen. Unbehandelte Fichten- oder Tannenbretter, Naturholzspielzeug und gesäuberte Äste von heimischen Obstbäumen oder Weidengehölzen sind dagegen in aller Regel unbedenklich.

Im Idealfall steht der Käfig in der Wohnung an einem etwas erhöhten Platz, damit die Meerschweinchen nicht ständig das Gefühl der Gefahr von oben haben, wenn sich zum Beispiel die Hände des Pflegers von oben nähern.

Nachteilig bei großen Käfigen ist zweifellos der dafür benötigte Platz in der Wohnung, die Handhabbarkeit des Käfigs und der Schmutzfangschale beim Saubermachen und die Tatsache, dass die Schmutzfangschale unter Umständen recht hohe Seitenwände hat. Damit bleibt zwar die Einstreu innerhalb des Käfigs, die Tiere schauen bei dünner Einstreu aber fast ausschließlich gegen die Plastikwände der Schale und haben nur wenig Gelegenheit, die Ereignisse in ihrer Umgebung wahrzunehmen. Abhilfe schaffen hier eine teilweise höhere Einstreu und der Aufbau der erwähnten zweiten Ebene.

Selbst gebaute Käfige aus Holz sind keine dauerhafte Alternative für Meerschweinchenkäfige. Sie sind schlecht zu reinigen und durch den Urin der Meerschweinchen weichen die Böden früher oder später

durch. Auch ausgediente Aquarien sollten nicht mehr als eine vorübergehende Unterkunft für Meerschweinchen darstellen. Zum einen muss man immer von oben hineingreifen, was für sie einer dauernden Bedrohung gleichkommt, zum anderen ist die Luftzirkulation in einem solchen Behältnis schlecht, wodurch das im Urin enthaltene Ammoniak nur schwer entweichen kann.

Als Einstreu werden – vor allem für Kurzhaar-Meerschweinchen – handelsübliche Hobelspäne beziehungsweise Nagereinstreu verwendet. Bei Langhaarrassen bietet sich eher eine dicke Lage Zeitungspapier als Unterlage und weiches Haferstroh als Einstreu an. Im Handel werden auch Strohpellets, gehäckselter Hanf, gehäckselter Raps und gehäckseltes Leinenstroh angeboten. Torf und Sägemehl ist als Einstreu dagegen ungeeignet. Entsorgt wird die verbrauchte Einstreu am besten über den Komposthaufen oder die Biotonne.

Ein Schlafhäuschen gehört unbedingt zur Käfigausstattung. (Foto: Lehari)

Der Freilauf in der Wohnung sollte nur unter Aufsicht erfolgen. (Foto: Lehari)

Auch wenn die Meerschweinchen einen geräumigen Käfig haben, sollten sie doch regelmäßig Freilauf in der Wohnung erhalten und in der warmen Jahreszeit möglichst noch Auslauf im Garten bekommen. In beiden Fällen sind aber bestimmte Vorkehrungen zu treffen. Beim Freilauf in der Wohnung ist im eigenen und im Interesse der Tiere darauf zu achten, dass sie nichts anknabbern können. Angenagte Stromkabel oder giftige Zimmerpflanzen können den Tod für die Tiere bedeuten und angeknabberte Möbel- und Türkanten oder Bücher stoßen nicht immer auf das Verständnis aller Mitbewohner. Das Absetzen ihrer Kothäufchen an allen möglichen Stellen im Zimmer ist dabei noch das kleinste Problem. Der Freilauf sollte also stets unter Aufsicht erfolgen.

Grundsätzlich sind Meerschweinchen nicht besonders temperaturempfindlich, sowohl was kältere als auch wärmere Temperaturen betrifft. So leben manche Tiere zum Beispiel auf Bauern- oder Pferde-höfen im Winter bei nur wenigen Temperaturgraden über null in Pferde- und Kaninchenställen. Bei dicker Einstreu von Stroh und Heu scheint ihnen dies wenig auszumachen, wobei die normale Überwinterungstemperatur eigentlich nicht unter 10 Grad Celsius fallen sollte. Bei Tieren, die ausschließlich in der Wohnung gehalten werden, kommen solche niedrigen Temperaturen ohnehin nicht vor, wohl aber höhere Temperaturen im Sommer, besonders in Dachgeschosswohnungen. Steigt die Temperatur über 25 Grad Celsius an, sollte man seine Tiere auf jeden Fall gut beobachten und den Käfig in eine schattige, möglichst kühle Ecke stellen. Auch bei einem Aufenthalt im Garten sollte ein Teil des Freigeheges beschattet sein. Bei zu großer Hitze holt man die Tiere am besten ins Haus. Vor allem die langhaarigen Meerschweinchenrassen leiden unter großer Hitze und sind dann sehr hitzschlaggefährdet.

Hinweis

Regelmäßige Pflegemaßnahmen für Meerschweinchen

Täglich:
- Futternapf säubern und neu bestücken, übrig gebliebenes Futter entfernen
- Wasserflasche neu befüllen

Wöchentlich:
- Futternapf und Trinkflasche zweimal wöchentlich mit heißem Wasser (und Flaschenbürste) reinigen
- Einstreu erneuern und die Käfigschale grob reinigen
- Freianlagen ausharken und Einrichtungsgegenstände wenn nötig reinigen

Monatlich:
- Den gesamten Käfig samt Gitteroberteil, Häuschen und sonstigen Einrichtungsgegenständen gründlich reinigen
- Käfigwanne mit heißem Wasser auswaschen, Urinstein auf dem Käfigboden zunächst mit Spachtel und Bürste entfernen, dann mit Essig oder Zitronensäure lösen und danach erneut gründlich abspülen
- Knabber-, Spiel- und Beschäftigungsmaterial erneuern

Halbjährlich:
- Die Freianlage und deren Einrichtungsgegenstände gründlich reinigen
- Gitter und Abdecknetze auf Sicherheit kontrollieren

Jährlich:
- Holzhäuschen erneuern, da sie meistens völlig abgeknabbert und/oder durch den Urin der Tiere stark verunreinigt sind

Wenn die Schlafhäuschen wie hier angeknabbert werden, müssen sie von Zeit zu Zeit erneuert werden. (Foto: Lehari)

Freianlage mit zwei Ebenen (Foto: Lehari)

Die Freianlage

Die sicherste Freianlage besteht aus einem rundum geschlossenen Drahtkäfig von etwa 50 bis 60 Zentimeter Seitenhöhe, der von oben zu öffnen ist. Solche Freigehege kann man aus Holzrahmen mit Drahtbespannung selbst bauen oder fertig im Zoohandel kaufen. Eine geeignete Größe für zwei Tiere wäre etwa 2 Meter Länge und 1 Meter Breite. Ein solcher Käfig wird einfach auf den Rasen gesetzt und dann mit einem Drahtgitter abgedeckt. Er wird versetzt, wenn die Tiere das Gras innerhalb des Geheges abgefressen haben. Zwei Meerschweinchen schaffen – je nach Grashöhe – etwa 1 bis 2 Quadratmeter pro Tag. In diesem Auslauf benötigen die Tiere Trinkwasser sowie ein Häuschen, das sie bei Bedarf vor Wind, Regen und allzu großer Sonneneinstrahlung schützt. Im Sommerhalbjahr können die Tiere den größten Teil des Tages in so einem Auslauf verbringen.

In solch einem Freigehege sind die Tiere tagsüber vor Katzen und Greifvögeln sicher. Man muss allerdings darauf achten, dass die Unterkante des Geheges überall dicht auf dem Rasen aufsteht, damit die Tiere nicht entweichen können. Nachts sollten die Tiere hereingeholt werden, denn Kälteeinbrüche, heftige Regenschauer oder auch größere Schadnager, die sich von außen in eine solche Anlage hineingraben, können das Leben der Meerschweinchen, vor allem von Jungtieren, bedrohen. Die oftmals geäußerte Vermutung, dass die Anwesenheit von Meerschweinchen mit ihren schrillen Pfiffen zum Beispiel Ratten vertreibt, ist ein Ammenmärchen.

Wer ganz sicher gehen will, verdrahtet das Meerschweinchengehege auch von unten, zum Beispiel mit einem stabilen, nicht rostenden, punktgeschweißten Volierendraht (Maschenweite etwa 25 bis 25 Millimeter). Das Gras wächst hindurch und die Meerschwein-

*In eine Freianlage gehören auch Versteckmöglich-
keiten und Schlafhäuschen. (Foto: Lehari)*

chen können weder entweichen noch bekommen sie unerwünschten Besuch von außen. Nachteilig ist, dass die Tiere ständig auf dem Draht laufen, was ihren Füßen auf die Dauer nicht gut tut. Von einer ständigen Haltung in dieser Art ist ich deshalb abzuraten.

Schließlich soll noch die große Freianlage erwähnt werden. Dazu wird ein mehr oder weniger großes Gartenstück bereitgestellt und rundum etwa 60 Zentimeter hoch eingezäunt. Je stabiler und engmaschiger der Draht ist, umso sicherer ist die Anlage. Darin werden mehrere Versteck- und Klettermöglichkeiten geschaffen, es werden Kräuter eingesät, die die Tiere gern mögen, Knabberäste, Spiel- und Beschäftigungsmaterial jeder Art sorgen für Abwechslung im Meerschweinchenalltag. Aus Sicherheitsgründen sollten solche Anlagen ebenso von oben abgedeckt werden, auch

wenn sich erwachsene Meerschweinchen bei Annäherung eines Feindes meistens rechtzeitig in ein Schlafhäuschen retten können.

Wenn eine solche Anlage gut durchdacht ist, können in ihr mehrere Meerschweinchen harmonisch zusammenleben und auch ihre Jungen aufziehen. Hier lassen sich auch vielfältige Verhaltensbeobachtungen anstellen, die bei der Wohnungshaltung kaum möglich sind.

Heu muss den Tieren ständig zur Verfügung stehen und wird am besten in einer Raufe angeboten. (Foto: Lehari)

Werden regelmäßig Obst und Gemüse gereicht, sind keine zusätzlichen Vitamingaben notwendig. (Foto: Lehari)

Ernährung

Meerschweinchen gelten zwar als Gemischtköstler, sie benötigen aber so gut wie kein tierisches Einweiß (außer in kleinen Anteilen im Pelletfutter). Somit sind sie im Grunde (fast) reine Pflanzenfresser, in deren Nahrungspalette das Heu an oberster Stelle steht. Als Ballastfutter sollte es ständig zur Verfügung stehen, sodass die Tiere bei Bedarf immer fressen können und dadurch ihre Magen-Darm-Peristaltik erhalten bleibt. Die darin enthaltene Rohfaser dient jedoch nicht nur Nahrungszwecken, sondern ist auch zur Abnutzung ihrer lebenslang wachsenden Schneidezähne notwendig.

Weiterhin müssen sie ständig Zugang zu frischem Wasser haben. Immer noch gibt es den Irrglauben, Meerschweinchen benötigten kein Wasser zu ihrem Wohlbefinden. Das ist natürlich völliger Unsinn. Damit das Wasser immer sauber bleibt, empfiehlt sich die Verwendung einer Nagerflasche (die so genannte Nippeltränke), die von außen an den Käfig angehängt wird. Sie sollte täglich mit frischem Wasser gefüllt werden.

Standardbestandteil der Meerschweinchenernährung ist ein Fertigmischfutter, das es speziell für Meerschweinchen (oder als Kleinnagermischung) im Handel zu kaufen gibt. Es ist ein pelletiertes Futter, das in der Regel aus Grünfutterpellets, geschrotetem Getreide und Trockengemüse besteht und zudem einen kleinen Anteil Fett beziehungsweise tierisches Eiweiß enthält. Bei diesem Futter sollte man sich – um Verfettungen vorzubeugen – recht genau an die Dosierungsangaben halten. In der Regel reichen höchstens zwei Esslöffel (etwa 20 Gramm) pro Tag und Tier völlig aus. Darüber hinaus ist der Ernährungsplan der Meerschweinchen abwechslungsreich zu gestalten. Je nach Jahreszeit stehen verschiedene Gemüse- und Grünfuttersorten für die Tiere zur Verfügung. Im Sommer können sie sich im Freigehege weitestgehend selbstständig mit Grünfutter versorgen. Ansonsten kann man natürlich auch Löwenzahn, Wiesenklee, Sauerampfer und verschiedene Wiesengräser aus dem Garten holen und den Tieren im Futternapf oder in der Heuraufe anbieten. Weiterhin sind Möhren, Maiskolben, Äpfel, Birnen, Kohlrabi und hart getrocknetes Brot als Ergänzungsfutter geeignet, das jeweils auch dem Zahnabrieb dient. In jedem Fall ist stets großer Wert auf einwandfreie Beschaffenheit der Futtermittel zu legen. Angewelktes Grünfutter, faulende Salatblätter oder schimmelnde Möhren sind aufgrund der darin enthaltenen Toxine unter Umständen lebensgefährlich für die Nager.

Bei ausreichender Grünfütterung und regelmäßiger Verabreichung von Obst und Gemüse sind normalerweise keine Ergänzungsfuttergaben für den Vitamin- und Mineralstoffhaushalt notwendig. Allerdings haben Meerschweinchen einen relativ hohen Bedarf an Vitamin C, das besonders während der Wintermonate unter Umständen über das Trinkwasser zugeführt werden muss (etwa 15 Milligramm Ascorbinsäure pro Kilogramm Körpergewicht und Tag). Ergänzt wird das Futterangebot durch einen Mineral- oder Salzleckstein, der im Zoohandel erhältlich ist.

Das Heu wird am besten in einer speziellen Raufe angeboten, die am Käfig außen angebracht werden kann, um den Innenraum nicht zusätzlich zu verkleinern. Fertigfuttermischungen und klein geschnittenes Frischfutter werden am besten in einer großen, lasierten Futterschale mit nach innen gebogenem Rand angeboten. Damit wird verhindert, dass die Tiere allzu schnell ihr gesamtes Futter aus dem Napf herauskratzen und auf dem Käfigboden festtreten. Um die Tiere über längere Zeit zu beschäftigen, sind mehrere kleinere Futterportionen über den Tag verteilt besser als die Verabreichung der Gesamtration einmal am Tag. Auch Obst und Gemüse in größeren Stücken angeboten, an denen die Tiere nagen müssen, sorgen für zusätzliche Beschäftigung.

Eine Besonderheit ist das Fressen des eigenen Blinddarmkotes, um sich mit Vitaminen des B-Komplexes zu versorgen. Dieser Vorgang ist ganz natürlich und für die Tiere lebensnotwendig.

Das Fressen des eigenen Blinddarmkots ist völlig normal und versorgt die Tiere mit wichtigen Vitaminen. (Foto: Lehari)

ten von Meerschweinchen, die dann meist preiswert über den Anzeigenteil der Zeitung angeboten werden. Vom Züchter wird man dagegen kaufen, wenn es um bestimmte Rassen oder bestimmte Farbschläge geht. Auch in Zoohandlungen werden regelmäßig Meerschweinchen verkauft. Gute Haltungen erkennt man daran, dass die Tiere viel Platz haben, gut versorgt sind und der Käfig sauber ist. Die Preise liegen in den Privathaltungen meist deutlich unter denen der Zoogeschäfte, jedoch gehören Meerschweinchen überall zu den preisgünstigsten Heimtieren.

Empfehlenswert ist zwar grundsätzlich die Anschaffung von Jungtieren im Alter zwischen acht Wochen und sechs Monaten, da sie schnell mit der neuen Umgebung und dem Pfleger vertraut werden. Dennoch bereitet in der Regel auch der Erwerb älterer Tiere keine Pro-

Bei der Auswahl eines Meerschweinchens sollte man immer den Gesundheitszustand kontrollieren. (Foto: Lehari)

In dieser Position ruht das Meerschweinchen sicher auf dem Arm. (Foto: Lantermann)

Anschaffung der Tiere

Wenn nun die Haltungsvoraussetzungen geklärt sind, der Käfig und eventuell ein Freigehege seinen Platz gefunden haben und Einrichtungsgegenstände und Futter bereitstehen, können die Meerschweinchen einziehen. Aber wo bekommt man geeignete Tiere her?

Importe gibt es keine mehr (außer bei den selteneren Wildmeerschweinchen). Alle Tiere, die von Privat oder im Zoohandel angeboten werden, stammen aus Inlandszuchten. So kommen hauptsächlich drei Bezugsquellen infrage: der Privathalter, der (Rassemeerschweinchen-)Züchter und der Zoohändler. Ganz oft kommt es bei Privathaltungen zu (ungewollten) Zuch-

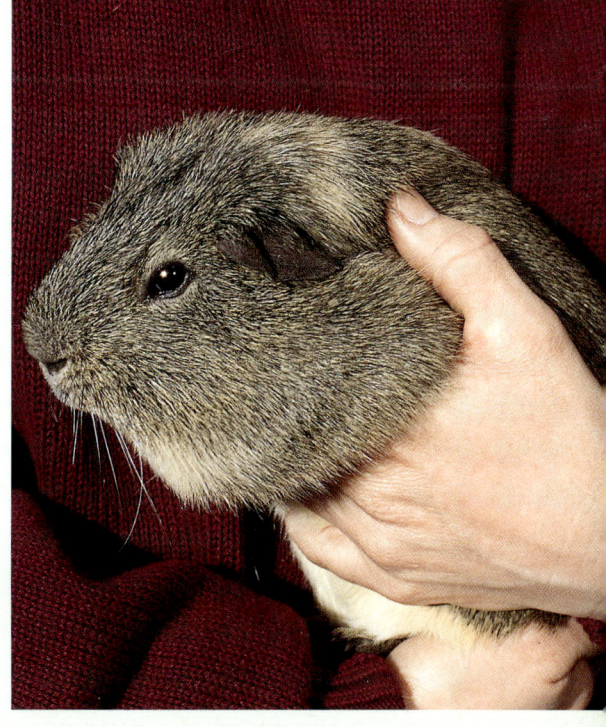

bleme, es sei denn, es geht um die Integration einzelner Alttiere in eine schon bestehende Gruppe. Wenn nicht unbedingt Jungtiere gewünscht sind, sollte auf jeden Fall auch die Übernahme von Tieren aus einem Tierheim in Erwägung gezogen werden.

Bei der Auswahl von Meerschweinchen ist ein kurzer Gesundheitscheck notwendig. Zunächst ist das Verhalten zu beobachten. Die Tiere sollten lebhaft sein, Kontakte zu Artgenossen unterhalten und keineswegs apathisch in der Ecke sitzen. Danach nimmt man jedes der zum Kauf vorgesehenen Tiere in die Hand. Dazu wird das betreffende Tier kurz angesprochen, sanft gestreichelt und dann hochgenommen, indem man mit einer Hand von der Seite unter die Brust fasst und mit der anderen Hand das Hinterteil abstützt. Unter Umstän-

den ist aber auch beherztes Zufassen mit beiden Händen notwendig, wenn sich ein Tier allzu zappelig zeigt und dadurch entwischen und auf den Boden fallen könnte. Meerschweinchen werden niemals im Nackenfell gefasst!

Die Tiere sollten klare, glänzende Augen, saubere Ohren, eine trockene, saubere Nase (ohne Ausfluss), Nagezähne ohne Fehlstellungen, ein saubereres, dichtes Fell ohne Kahlstellen, Borken oder Krusten, eine saubere Afterregion und normal abgenutzte Krallen haben. Von Tieren mit Schnupfen (Rhinitis) oder Durchfall ist abzuraten. Überlange Krallen sind, außer bei extrem gedrehten Krallen mit Fehlstellungen der Füße, allenfalls Schönheitsfehler, die man meist leicht korrigieren kann.

Bei Langhaarmeerschweinchen ist die Pflege wesentlich aufwendiger, weil sie regelmäßig gekämmt werden müssen. (Foto: Lehari)

Typisch für „Teddys" sind die verlängerten Haare an den Ohrspitzen. (Foto: Lehari)

Auch über die Auswahl der Rasse sollte man nachdenken. Am robustesten sind zweifellos die so genannten gewöhnlichen Hausmeerschweinchen. Wesentlich pflegeaufwändiger sind dagegen zum Beispiel Langhaarmeerschweinchen, weil bei ihnen eine regelmäßige Fellpflege durch den Halter erforderlich ist.

Hat man sich für seine Tiere entschieden, stellt sich die Frage des Transportes. Für kurze Strecken reicht ein mit Heu oder einem alten Handtuch ausgelegter Pappkarton mit Deckel, in den man zuvor einige Luftlöcher gebohrt hat. Für längere Fahrten eignet sich eine spezielle Transportbox, die im Fachhandel erhältlich ist. Sie ist stabil, wird von den Tieren nicht angefressen und der Boden kann nicht vom Urin aufgeweicht werden. Sie erweist auch bei eventuellen Tierarztbesuchen oder anderen Ortswechseln gute Diens-

te. Meerschweinchen werden im Innenraum des Autos transportiert und nicht etwa im geschlossenen Kofferraum, wo bei längeren Fahrten schlechte Luft und im Sommer ein Hitzestau auftreten können.

Gruppenmitglieder erkennen sich vorwiegend am Geruch. (Foto: Lehari)

Die empfindlichen Tasthaare werden zur Nahorientierung eingesetzt. (Foto: Lehari)

Richtiger Umgang mit Meerschweinchen

Das Verhalten der Meerschweinchen

Um mit Meerschweinchen richtig umgehen zu können, muss man zunächst ihre Verhaltensweisen verstehen lernen. Hausmeerschweinchen sind – nach jahrhundertelanger Domestikation – mittlerweile vorwiegend tagaktive, gesellige Tiere. Gegenseitiges Bestupsen mit der Nase und pfeifendes Quieken dient der Begrüßung zweier Artgenossen. Auch der Pfleger wird mit einem ähnlichen Pfeifen begrüßt, der als Bettellaut in Verbindung mit der Futtergabe gedeutet wird. Murmellaute, Glucksen und Grunzen signalisieren Zufriedenheit. Gurren, Strecken, kleine Luftsprünge und angedeutetes Spielverhalten zeigen Behaglichkeit, Ruhe und ein entspanntes Umfeld an.

Zu den aggressiven Verhaltensweisen zählen Zähnewetzen und Gähnen als Warnung und Signalisierung von Angriffsstimmung. Eine weitere Drohgebärde ist das Präsentieren der Schneidezähne. Die Steigerung ist das Knattern, das Zähneklappern, das Stampfen mit den Füßen, das Sträuben des Nackenfells und das Stoßen mit der Nase als Verhaltensweisen des Imponierens und als männliches Brunftgehabe. Männchen demonstrieren zudem durch auffälliges Harnen Dominanz und Besitzanspruch, Weibchen zeigen auf ebensolche Weise Abneigung und Abwehrverhalten. Klagendes Quieken und Sich-in-eine-Ecke-Drücken unterstützen Letzteres und signalisieren Unmut und Angst, Hilflosigkeit und Schutzbedürftigkeit. Das Verfallen in eine Art Starre ist ein Feindabwehrverhalten. Das Tier stellt sich tot, um einem Beutegreifer zu entgehen. Der Geruchssinn ist für das Leben in der Gruppe wichtig, denn die Kontaktaufnahme unter Artgenossen vollzieht sich hauptsächlich über die Nase. Gruppenmitglieder erkennen sich in erster Linie am Geruch, aber auch Gefahren durch andere Tiere werden vorwiegend über den Geruchssinn lokalisiert. Meerschweinchen sehen recht gut, verfügen über ein weites Gesichtsfeld und können Farben unterscheiden. Auch ein gutes Gehör ist für Fluchttiere wie Meerschweinchen wichtig. Zum einen vollzieht sich über die Lautäußerungen der Tiere untereinander ein Großteil der innerartlichen Kommunikation, zum anderen hängt in freier Wildbahn unter Umständen das Leben davon ab, ob bestimmte Warn- und Alarmpfiffe von den Gruppenmitgliedern erkannt und schnellstens durch Aufsuchen einer sicheren Höhle befolgt werden. Die empfindlichen Tasthaare an den Nasenseiten helfen bei der Orientierung. Sie zeigen den Tieren an, ob sie durch enge Wege oder Röhren passen, und helfen ihnen, sich im Dunkeln zurechtzufinden.

Tiere, die von Anfang an im Kontakt mit Artgenossen leben, haben keine Probleme mit der innerartlichen Kommunikation, wogegen längere Zeit allein gehaltene Tiere sich später schwierig in eine Gruppe integrieren lassen, weil ihnen offenbar die Grundlagen des Sozialverhaltens zum Teil abhanden gekommen sind.

Beschäftigungsmöglichkeiten

Grundsätzlich genügt den Tieren ein gut ausgestatteter Freilauf und die Anwesenheit eines oder mehrerer Partnertiere zur Beschäftigung. Allerdings kann man ihr Leben noch etwas abwechslungsreicher gestalten. Dazu gehört zum einen die Futtersuche. Wenn den Tieren nicht ständig der Futternapf randvoll gefüllt wird, sondern das Futter in kleinen Portionen mehrmals täg-

Die unterschiedlichsten Gegenstände werden von den Tieren als Versteck oder Ausguck genutzt. (Foto: Lehari)

lich gereicht und Leckereien darüber hinaus versteckt werden, sind die Tiere allein mit der Futtersuche schon einige Zeit beschäftigt. Wer die nötige Muße hat, kann ihnen auch eine Art Abenteuerspielplatz bauen. Holzbretter, Wurzeln, durchlöcherte Kartons, Ton- oder Papprröhren, Blumentöpfe und vieles mehr lassen sich als Versteck, Hürden, Durchschlupf oder Ausguck nutzen. Der Fantasie des Pflegers sind kaum Grenzen gesetzt. Wichtig ist lediglich, dass keine für die Tiere gefährlichen (giftigen, spitzen oder verschluckbaren) Materialien verwendet und keine wackeligen Konstruktionen gebaut werden. Eine solche Landschaft kann von Zeit zu Zeit verändert oder erweitert werden. Auch kleine Kunststückchen dienen der Verhaltensbereicherung. So können die Tiere zum Beispiel lernen, auf einen Ton, Ruf oder Pfiff hin zu kommen, wenn sie dafür mit einem Leckerbissen belohnt werden.

Kinder und Meerschweinchen

Kinder und Meerschweinchen können ein gutes Team werden, vorausgesetzt, es erfolgt eine konsequente Erziehung zur Mitverantwortung. Somit gilt grundsätzlich: Wer für sein Kind ein Meerschweinchen anschafft, ist mitverantwortlich und mit eingebunden in den Pflegeplan. Meerschweinchen sind anspruchsvolle Familienmitglieder und kein Spielzeug. Kinder können zunächst nur unter Anleitung den richtigen Umgang mit Heimtieren lernen und brauchen am Anfang häufig praktische Unterstützung. Manchmal fehlt auch die Zeit und dann muss klar sein, dass die Eltern beim Füttern oder Saubermachen einspringen.

Meerschweinchen und andere Haustiere

Meerschweinchen sind reine Fluchttiere und damit fast wehrlos. Hunde und Katzen stellen somit zunächst oft Gefahren für die neuen Mitbewohner dar. Hunde kann man aber – besonders wenn sie noch jung und lernfähig sind – Schritt für Schritt mit den Meerschweinchen vertraut machen. Eine Katze betrachtet ein Meerschweinchen dagegen grundsätzlich erst einmal als Beutetier. Wenn Katze und Meerschweinchen aber zusammen aufwachsen, können sie sich dennoch gut vertragen. Unbeaufsichtigt sollten Hunde und Katzen allerdings nie mit Meerschweinchen allein gelassen werden.

Als Käfiggenossen für einzelne Meerschweinchen sieht man oft Zwergkaninchen. Sie verstehen sich miteinander, ob dies die ideale Wohngemeinschaft ist, wie häufig zu lesen ist, darf allerdings bezweifelt werden. Denn die Tiere zeigen doch zum Teil beträchtliche Unterschiede im Verhalten, sodass diese Gemeinschaftshaltung eher eine Notlösung darstellt. Völlig unpassend ist die Gemeinschaftshaltung mit einem Goldhamster, denn er ist Einzelgänger und zudem nachtaktiv.

Zwergkaninchen sind kein Ersatz für einen Artgenossen. (Foto: Lehari)

Auch wenn die Kleinen noch so niedlich sind, sollte die Zucht von Meerschweinchen nicht unüberlegt erfolgen. (Foto: Lehari)

Meerschweinchen-zucht – ja oder nein?

So schön es ist und so lehrreich und spannend die Zucht von Heimtieren gerade auch für Kinder erscheint, so fraglich ist doch die unkontrollierte Vermehrung, da häufig für den Nachwuchs nur schwer Abnehmer zu finden sind. Daher müssen vor einer geplanten Zucht unbedingt schon geeignete Pflegeplätze für die Jungtiere gesucht werden. Unverantwortlich ist die planlose Gemeinschaftshaltung von mehreren fruchtbaren Meerschweinchenböcken und -weibchen.

Die Zucht selbst ist kein großes Problem, sofern beide Tiere ausgewachsen und geschlechtsreif sind. Männchen werden mit etwa acht Wochen geschlechtsreif und sind in der Regel größer und schwerer als Weibchen. Die Geschlechtsreife bei den Weibchen tritt mit etwa fünf bis sechs Wochen ein. Zu diesem Zeitpunkt sind die Tiere allerdings noch längst nicht körperlich ausgewachsen. Sie sollten möglichst erst mit etwa sechs bis acht Monaten zur Zucht eingesetzt werden. Die Geschlechtsbestimmung von Jungtieren bedarf einiger Erfahrung. Hier kann vielleicht der Tierarzt, aber auch ein erfahrener Zoohändler oder Züchter weiterhelfen. Beim Männchen ist zunächst ein deutlicher Abstand zwischen Geschlechts- und Analöffnung zu erkennen. Wenn man

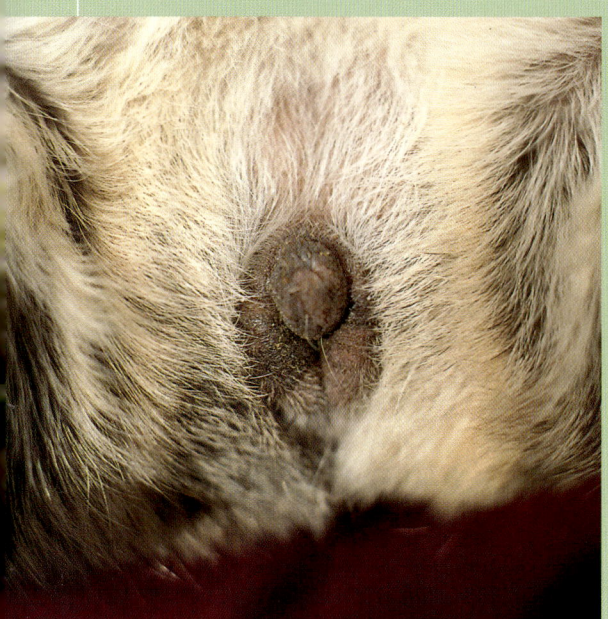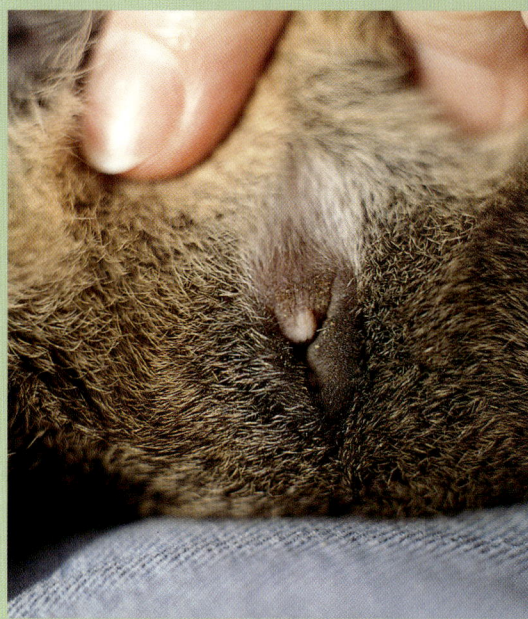

Vor allem bei Jungtieren ist die Geschlechtsunterscheidung schwierig. Hier im Bild : erwachsenes Männchen (links) und Weibchen (rechts). (Fotos: Lantermann)

zudem mit dem Zeigefinger mit sanftem Druck über den Unterbauch abwärts streicht, sind beim Männchen der Penis und eventuell die Hoden zu sehen, beim Weibchen zeigt sich ein Y-förmiger Spalt, der knapp bis an die Analöffnung heranreicht. Bei Alttieren ist die Geschlechtsbestimmung etwas einfacher, denn bei den Böcken sind die Hoden oftmals deutlich zu sehen und zudem riechen sie nach Eintritt der Geschlechtsreife etwas strenger als die Weibchen.

Alle 14 bis 18 Tage wird das Weibchen für etwa 24 Stunden brünstig. Das Männchen beschnüffelt das Weibchen am Hinterteil und testet damit dessen Paarungsbereitschaft. Nicht paarungsbereite Weibchen wehren die Männchen durch Hüpfen mit dem Hinterteil und gleichzeitiges Warnquieken ab. Bleibt der Bock hartnäckig, wird durch Zähneklappern gedroht, und nimmt er auch diese Warnung nicht ernst, beißt das Weibchen auch schon mal zu. In den 24 Stunden der

Brünstigkeit zeigt sich das Weibchen nur für einige Stunden deckbereit. Wenn der richtige Paarungszeitpunkt gekommen ist, duldet das Weibchen die Annäherung des Männchens, legt sich auf den Bauch und hebt das Hinterteil zur Kopulation. Der Deckakt selber dauert meist nur wenige Sekunden. Danach folgt ein ausgiebiges gemeinsames Putzen, vor allem im Genitalbereich.

Die Tragzeit beträgt zwischen 64 bis 70 Tagen. Es werden im Durchschnitt drei bis vier Junge geboren, aber auch Zweier- oder Fünferwürfe sind keine Seltenheit, wohl aber Sechserwürfe. Das Geburtsgewicht der Jungtiere liegt je nach Anzahl der Wurfgeschwister zwischen 40 und 100 Gramm. Wenn nur zwei Junge geboren werden, sind sie in der Regel schwerer als bei Vierer- oder Fünferwürfen. Die Jungen sind sofort selbstständig und werden drei bis vier Wochen lang von der Mutter gesäugt.

Trächtige Meerschweinchen erkennt man an der typischen Körperform. (Foto: Lehari)

Das Männchen kann normalerweise bei der Geburt dabeigelassen werden – es schadet den Jungen nicht. Allerdings wird das Weibchen bereits zwei bis 13 Stunden nach der Geburt wieder brünstig, sodass dann die Gefahr einer erneuten, für das Weibchen belastenden (und vom Halter oft ungewollten) Schwangerschaft besteht.

Da die Geschlechtsreife bei den Jungtieren relativ schnell eintritt, sollten sie spätestens mit etwa fünf Wochen nach Geschlechtern getrennt in separaten Käfigen oder Ausläufen gehalten werden. Wenn dann später eine Gemeinschaftshaltung der Jungen geplant ist, müssen die jungen Männchen auf alle Fälle kastriert werden, allerdings am besten erst nach Beendigung der Hauptwachstumsphase im Alter von sechs bis acht Monaten.

Das Kürzen der Krallen erfolgt am besten mit einer speziellen Krallenschere. (Foto: Lantermann)

Körperpflege und Gesundheit

Krallen, Zähne, Ohren, Augen und Fell (auch Bauch-unterseite) der Tiere werden regelmäßig kontrolliert. Die Krallen werden bei Bedarf geschnitten, Ohren, Augen und Fell falls nötig gereinigt. Die Zähne nutzen sich bei ausreichenden Knabbermöglichkeiten auf natürliche Weise ab. Falls nicht, muss der Tierarzt für eine eventuelle Korrektur aufgesucht werden.

Bei den langhaarigen Rassen ist auf jeden Fall vermehrte Fellpflege notwendig. Wenn die Einstreu aus Sägespänen besteht, bleiben diese oft im Fell der Tiere hängen und führen zu Verfilzungen. Bei diesen Rassen ist eine andere Einstreu (zum Beispiel Haferstroh) erforderlich, außerdem sollten die Haare der Tiere bis auf Bodenlänge gekürzt und einmal täglich gekämmt oder gebürstet werden. Bei Kurzhaarrassen genügt ein zweimaliges wöchentliches Bürsten während der Zeit des Fellwechsels (im Frühjahr und Herbst).

Eigentliche Impfungen werden für Meerschwein-chen nicht empfohlen, wohl aber häufige Kontrolle auf Haarlinge und andere Fellparasiten, die entweder bei Bedarf (durch eine Injektion vom Tierarzt beziehungsweise durch ein Spezialbad mit einem Antiparasitikum oder Spray) oder vorbeugend in regelmäßigen Abständen behandelt werden. Diese Parasiten werden in der Regel mit dem Heu oder Stroh einge-schleppt. Tiere, die neu in einen Bestand kommen, sind besonders sorgfältig zu kontrollieren.

Als Gruppentiere, die immer den Anschluss an Art-genossen suchen und somit jegliche Außenseiter-reaktionen so lange wie möglich zu vermeiden versu-chen, zeigen Meerschweinchen erst sehr spät erkennbare Krankheitsanzeichen. Bei den ersten Anzeichen für eine Erkrankung muss unverzüglich der Tierarzt aufgesucht werden. Von Selbstbehandlungs-versuchen ist dringend abzuraten.

Wichtige Warnsignale sind unter anderem:

- Apathie, Appetitlosigkeit, Abmagerung
- übel riechende, zum Teil blutige Durchfälle
- häufiges Niesen, eitriger Nasenausfluss, Husten, Atemnot
- stark tränende oder eitrige Augen, Bindehautrötung, Lichtscheu
- Pressen ohne Absetzen von Kot oder Urin
- Nachziehen der Hinterläufe, Gleichgewichtsstörun-gen, Krämpfe
- harter, aufgetriebener Bauch, schnelle Atmung

Diese Schneidezähne haben die richtige Länge. Sie haben sich auf natürliche Weise abgenutzt. (Foto: Lantermann)

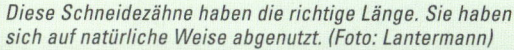

Artgerechte Haltung und sorgfältige Pflege sorgen für ein langes Meerschweinchenleben. (Foto: Lehari)

- beschleunigte Atmung, Flankenatmung
- Lahmheit, Bewegungsunlust, wunde Sohlen
- Bissverletzungen, blutende oder eiternde Wunden
- Hautveränderungen, Juckreiz, Haarausfall
- Krusten um die Mundspalte (= Lippengrind)
- ständiges Kratzen, Belecken oder Speicheln

Die durchschnittliche Lebenserwartung von Meerschweinchen liegt bei etwa acht Jahren, manche Tiere erreichen unter Umständen aber auch fast das doppelte Alter. Nach eigenen Erfahrungen haben langhaarige Meerschweinchen eine niedrigere Lebenserwartung.